BEI GRIN MACHT SICH IHR WISSEN BEZAHLT

AF140758

- Wir veröffentlichen Ihre Hausarbeit,
  Bachelor- und Masterarbeit

- Ihr eigenes eBook und Buch -
  weltweit in allen wichtigen Shops

- Verdienen Sie an jedem Verkauf

Jetzt bei www.GRIN.com hochladen und kostenlos publizieren

Bibliografische Information der Deutschen Nationalbibliothek:

Die Deutsche Bibliothek verzeichnet diese Publikation in der Deutschen National-bibliografie; detaillierte bibliografische Daten sind im Internet über http://dnb.d-nb.de/ abrufbar.

Impressum:

Copyright © 2016 GRIN Verlag, Open Publishing GmbH
Druck und Bindung: Books on Demand GmbH, Norderstedt Germany
ISBN: 978-3-668-20119-4

Dieses Buch bei GRIN:

http://www.grin.com/de/e-book/319711/plus-und-minus-mit-einern-handakte-zum-studienbegleitenden-praktikum-im

Eva Wieser

Plus und Minus mit Einern. Handakte zum Studienbegleitenden Praktikum im Fach Mathematik

GRIN Verlag

Inhaltsverzeichnis

1 Sachanalyse

In der nachfolgenden Sachanalyse werden zwei von insgesamt vier Grundrechenarten bzgl. ihrer Rechenstrategien sowie Fehlerstrategien im Hunderterraum untersucht, wobei Querverweise zu Strategien im Zwanzigerraum zu beachten sind. Eine umfassende Analyse des Unterrichtsinhaltes einer Stunde bedarf es, nicht nur um sich als Lehrkraft den Inhalt der geplanten Unterrichtsstunde selbst zu erarbeiten, sondern auch um es für die Schülerinnen und Schüler adäquat aufbereiten zu können.

1.1 Addition – Rechenstrategien im Hunderterraum

Bereits im 2. Schuljahr verwenden die Schülerinnen und Schüler unterschiedliche Wege, um eine Additionsaufgabe zu bewältigen und schließlich zur Lösung zu kommen. Mögliche Verfahren können dabei etwa der Rechenstrich, die Hundertertafel oder das halbschriftliche Verfahren sein. Thematisiert wird das zuletzt genannte Verfahren bereits ab der Mitte des zweiten Schuljahres.[1] In den von Benz durchgeführten Interviewstudien konnten trotzdem nur wenige Kinder die Methode des Notierens von Zwischenergebnissen oder ähnlichen Gedächtnisstützen, die dem halbschriftlichen Rechnen zuzuordnen sind, anwenden.[2]

Man unterscheidet bei der Grundrechenart Addition im Hunderterraum folgende Rechenstrategien:

Das *schrittweise Rechnen* ist durch die Erweiterung des Zahlenraums, das dem Bereich der Arithmetik zuzuordnen ist, unabdingbar. Zum einen gilt zu beachten, dass die Zahlen an ihrer Größe zugenommen haben und zum anderen, dass eine höhere Anzahl an Zerlegungsmöglichkeiten als im Zwanzigerraum zur Verfügung stehen. Die Aufgabe 37 + 28 kann beispielsweise durch 37 + 20 + 8, 37 + 8 + 20 oder durch 37 + 3 + 25 zur Lösung gebracht werden. Dabei wird ein Summand zerlegt – üblicherweise der zweite Summand. Wie in den ersten beiden Beispielen wird der Summand oft in seine Stellenwerte zerlegt, wobei auf das Assoziativgesetz der Addition Rücksicht genommen wird.[3]

Bei der Rechenstrategie des *stellenweisen Rechnens* werden beide Summanden in ihre Zehner und Einer zerlegt, daraufhin addiert man separat die Zehner und danach die Einer. Die Einzelergebnisse werden als Abschluss zu einer Summe addiert.[4]

---

[1] Vgl. Padberg, 2011, S. 105.
[2] Vgl. Benz, 2005, S. 253f.
[3] Vgl. Padberg, 2011, S. 106.
[4] Vgl. Padberg, 2011, S. 106.

Als eigene Rechenstrategie hat sich auch die Mischform der bereits genannten Strategien durchgesetzt. Die *Mischform aus stellenweisem und schrittweisem Rechnen* wurde von Benz als Rechenstrategie als solche erkannt, da er die Erkenntnis durch seine Studien gewonnen hat, dass Kinder oft nicht ausschließlich schrittweise oder rein stellenweise rechnen, sondern dazu in der Lage sind diese Strategien innerhalb einer Rechenaufgabe zu vermischen.[5]

Durch die Strategie des *Gegensinnigen Veränderns beider Summanden* werden schwierige Aufgaben durch einen kleinen, aber sehr hilfreichen Trick vereinfacht. 32 + 68 wird zu 30 + 70 verändert und 47 + 53 zu 50 + 50. Im Unterricht kann man diese Rechenstrategie durch Material veranschaulichen, wie beispielsweise Perlen, sodass den Schülerinnen und Schülern bewusst wird, dass sich nichts an der Gesamtzahl der Perlen ändert.[6]

Besonders neu im Hunderterraum sind die sogenannten *Analogieaufgaben*, in deren vertraute Aufgabentypen zur Berechnung neuer Aufgaben hinzugezogen werden. Aufgaben wie 20 + 50 werden zunächst über 2 + 5 gelöst, um daraufhin auf die entsprechenden Zehnerbündel zurückzugreifen, sodass sich das Ergebnis leicht begründen lässt.[7]

Mit den *Nachbaraufgaben* sind Aufgaben gemeint, die leichter über die Nachbaraufgabe zu lösen sind. Um Missverständnissen aus dem Weg zu gehen, bevor sie entstehen können, sollte diese Rechenstrategien nur bei Aufgaben eingeführt werden, in der einer der Summanden nur um einen Einer weniger ist als eine volle Zehnerzahl. Dementsprechend lässt sich die Aufgabe 27 + 19 über die Nachbaraufgabe 57 + 20 leichter und schneller zum Ergebnis bringen. Jedoch darf im Anschluss daran nicht vergessen werden beim der Summe die um 1 zu viel addierte Zahl, wieder abzuziehen.[8]

Die Strategie, die auf dem Kommutativgesetz beruht und dadurch sogar Aufgaben im Hunderterraum vereinfacht, wird *Tauschaufgabe* genannt. Ihre hohe Wichtigkeit sinkt jedoch mit ansteigenden Zahlenraum.[9]

Ähnlich ist es mit den *Verdopplungsaufgaben bzw. Fastverdopplungsaufgaben*, deren immense Bedeutung ebenfalls im Zwanzigerraum zurück lassen.

---

[5]Vgl. Benz, 2005, S. 254f.
[6]Vgl. Padberg, 2011, S. 106.
[7]Vgl. Padberg, 2011, S. 106.
[8]Vgl. Padberg, 2011, S. 107.
[9]Vgl. Padberg, 2011, S. 107.

Allgemein lässt sich festhalten, dass die Strategie des stellenweisen Rechnens im Hunderterraum die bedeutendste Rechenstrategie im 2. Schuljahr darstellt.[10]

1.2 Subtraktion - Rechenstrategien im Hunderterraum

Während sich im 2. Schuljahr die Rechenstrategien zur Addition zusammen mit dem Zahlenraum erweitern, erweitern sich parallel dazu gleichwohl die Strategien bei der Subtraktion im Hunderterraum.[11]

Um den unterschiedlichen Lösungswegen auf den Grund zu gehen, folgen die wichtigsten Rechenstrategien im Hunderterraum als Überblick:

Wie bei der Addition (siehe 1.1) unterscheidet man das *schrittweise Rechnen, das stellenweise Rechnen, die Mischform aus stellenweisem und schrittweisem Rechnen, die Analogieaufgaben, Nachbaraufgaben und Gleichsinniges Verändern.*[12]

Im Sinne des *Ergänzens bzw. der Umkehraufgaben* lassen sich Subtraktionsaufgaben auch im Hunderterraum gut lösen.

Beim Übergang zum Tausenderraum sind oft Notizen erforderlich, folglich wird also der Bereich des Kopfrechnens im Allgemeinen verlassen.[13]

2 Stundenlegitimation

2.1 Schulische Bedeutsamkeit

Die Schüler haben bereits Erfahrung im Zahlenraum bis 20 gesammelt und verfügen über Grundkenntnisse im Umgang mit Zahlen und Operationen. Die Erweiterung des Zahlenraums bis 100 und die Operationen in diesem Raum sind deshalb so wichtig für die Schülerinnen und Schüler, weil sie auf dieser Grundlage eine umfassende Zahlvorstellung erwerben. Ein differenziertes Verständnis für unterschiedliche Zahlaspekte wird bestenfalls in einem nachhaltigen und lebensweltbezogenen Mathematikunterricht entwickelt. Bei dem Stundenthema „Plus und Minus mit Einern" erlernen die Schülerinnen und Schüler zwei von vier Grundrechenarten und rechnen dabei flexibel und entsprechend der Aufgabe im Kopf, halbschriftlich sowie schriftlich. Dazu werden vorteilhafte Strategien angewandt, die unterschiedliche Lö-

---

[10]Vgl. Padberg, 2011, S. 107.
[11]Vgl. Schipper, 2009, S. 103.
[12]Vgl. Padberg, 2011, S. 120f.
[13]Vgl. Padberg, 2011, S. 121.

sungswege ermöglichen. Die Schülerinnen und Schüler sollen lernen, wie man die Zahlensätze des Einspluseins bis Zwanzig sowie deren Umkehrungen automatisiert und flexibel anwendet, wobei sie ihre Kenntnisse auf analoge Plus- und Minusaufgaben übertragen sollen.[14]

2.2 Lebenspraktische Funktion

Die Konfrontation mit Zahlen und Operationen im Bereich bis 100 findet im gewöhnlichen Alltag der Schülerinnen und Schüler statt. Im Unterricht sollen die Schüler/Innen dazu befähigt werden, beobachtete oder bereits erlebte Situationen im Alltag richtig aufzunehmen, zu beschreiben, einer Kategorie zuzuordnen und zu interpretieren. Dabei ist es unerlässlich, Grundlagen für eine Entwicklung von der Verständlichkeit verschiedener Begriffe aufzubauen und als Lehrer bzw. Lehrerin Möglichkeiten aufzuzeigen, wie mathematische Aufgaben auch in der Lebenswelt der Schüler bzw. der Schülerin überschaubar gemacht werden können. Nur, wenn das Wissen veranschaulicht dargestellt wird und nach Piaget selbst konstruiert ist, ist das Kind in der Lage das Gelernte in eine andere Situation (Transfer) zu übertragen und so dem trägen Wissen zu entgehen. Der Lehrer muss es dafür ermöglichen ein ausreichendes Üben in sämtliche verschiedenen Situationen bzw. mit verschiedenen Aufgabentypen anzubieten, sodass für den Schüler das grundlegende Prinzip hervorsticht, das sie dann schließlich im Alltag einsetzen können.[15]

2.3 Vorbereitungsfunktion

Bereits in der 2. Klasse ist das Hauptanliegen des Mathematikunterrichts, jedem Schüler und jeder Schülerin entsprechend seiner bzw. ihrer Fähigkeiten wesentliche Bereiche mathematischen Denkens und Vorgehens zu erschließen.[16] Es liegt auf der Hand, dass die Schule angesichts der Bedeutsamkeit der Thematik im täglichen Leben des Schülers, die Kinder auf die Anwendung des Gelernten (v.a. in Mathematik) vorbereiten sollen. Die Grundlage für das spätere Addieren und Subtrahieren bietet dabei das Zahlenverständnis hier im Zahlenraum bis 100. Des Weiteren bereitet der Unterricht auf den Mathematikunterricht an allen weiterführenden Schulen vor.

---

[14]Vgl. Bayer. Staatsministerium für Unterricht und Kultus, 2000.
[15]Vgl. Haselbeck, Skript 18, S. 3.
[16]Vgl. Haselbeck, Skript 18, S. 3.

3 Pädagogische Analyse

3.1 Anmerkungen zur Klassensituation und dem Klassenklima

Die Praktikumsklasse besteht aus nur 17 Schülerinnen und Schülern. Davon sind sechs Mädchen und elf Jungen in der Klasse. Unter ihnen sind etwa 80-90% mit nicht-deutscher Herkunft, sodass die Heterogenität der Klasse mit bloßem Auge vom Beobachter wahrgenommen werden kann. Viele sprechen akzentfrei deutsch, aber es gibt auch viele, die große Probleme mit der Sprache haben. Auffällig ist beispielsweise, dass die Kinder so gut wie nie die Angabe bzw. den Arbeitsauftrag lesen, einerseits aus Faulheit oder Unwissen dies zu tun, andererseits lässt sich dieses Phänomen anhand von nicht vorhandenen Fähigkeiten erklären.

Generell herrscht ein positives Klassenklima, dem liegt auch nahe, dass ein positives Lern- und Arbeitsklima gegeben ist. Trotzdem gilt es dies zu differenzieren: Es gibt Schüler, die sich um die Bearbeitung einer Aufgabe zielstrebig kümmern, andere wiederum lassen sich leicht durch Nichtigkeiten ablenken. Das Klassenniveau ist laut Praktikumslehrerin unterdurchschnittlich niedrig, diese Behauptung wurde allerdings von meinen Kommilitonen und mir, die diese Klasse hospitierten, bestätigt.

Auf sozialer Ebene gehen die Schüler achtsam und rücksichtsvoll miteinander um. Trotzdem gab es bereits in der Vergangenheit, sowie bei der Betreuung am Nachmittag, einige Vorkommnisse, die diese ruhige Atmosphäre störten und zu viel Aufruhr innerhalb der Klasse führte. Die Schülerinnen und Schüler arbeiten gerne in Partner- oder Gruppenarbeit mit ihren Mitschülerinnen und -schülern zusammen, dies bedingt jedoch eine lange Instruktion, da eine derartige Zusammenarbeit meines Erachtens zu selten vorkommt. Ebenso konnte von mir beobachtet werden, dass sich keine ausgeprägten Gruppenbildungen oder Rangordnungen zu erkennen lassen.

3.2 Lernvoraussetzungen in der Klasse

Wie oben bereits erwähnt arbeiten die Schülerinnen und Schüler der 2. Klasse zwar einerseits gerne in Partner- oder Gruppenarbeit, aber andererseits gelingt dies noch nicht zu flüssig. Bei meiner zweiten Unterrichtsstunde, bekam ich dies selbst zu spüren, da die Klasse gänzlich mit meinem Arbeitsauftrag überfordert war. Zum einen lässt sich dies dadurch erklären, dass die Schülerinnen und Schüler generell in dieser Klasse keinen Arbeitsauftrag lesen wollen oder können bzw. verstehen sie diesen nicht, sofern sie ihn lesen und zum anderen, weil sich noch keine eingeführte Routine bei diesem Sozialverhalten eingebürgert hat.

Die Praktikumslehrerin ist stets um Differenzierung bemüht und bedient sich deshalb des Öfteren an der Methode des Stationenlernens. Dies wird gern und bereitwillig von der Klasse aufgenommen und sie bedienen sich eifrig an den vorgegebene Arbeitsblätter. Teilweise gibt die Lehrerin vor, welche Stationen Pflicht sind, aber andererseits lässt sie den Schülerinnen und Schülern wiederum einen Freiraum der Entscheidung. Bei meiner eigenen Stunde ist mir auch aufgefallen, dass viele leistungsschwache Kinder bemüht sind sich mit schwierigeren Stationen auseinanderzusetzen. Ich denke, dass dies einerseits davon kommt, dass sie noch keine ausgeprägte Fähigkeit zur Selbsteinschätzung besitzen, aber andererseits könnte es auch durch die hohe Motivationskraft der Stationen begründet werden.

Augenfällig ist außerdem noch, dass die Lehrerin besonders Wert auf die Sprecherziehung ihrer Schüler Wert liegt. Man kann behaupten, dass dies unter den gegebenen Umständen ein alltägliches Problem für die junge Lehrerin darstellt, da es eine besonders leistungsschwache Klasse ist. Sie gibt ihre Schülerinnen und Schüler trotzdem nie auf und dies spüren die Kinder und bemühen sich um ein ordentliches Deutsch.

3.3 Leistungen der Klasse

Entsprechend der Einschätzung meiner Praktikumslehrerin muss die Klasse als unterdurchschnittlich schwach eingestuft werden. Meines Erachtens kann dies v.a. auf die Herkunft der Schülerinnen und Schüler zurückgeführt werden. Damit möchte ich jedoch nicht den Anschein erwecken, dass ich Menschen mit Migrationshintergrund generell als leistungsschwächer einstufe, aber wie sich auch in dem Praktikum bestätigt hat, hat dies andere Ursache für die Leistungen. Diese Kinder wachsen meistens in der sozialen Unterschicht auf, in der sie nur bedingt gefördert werden, während andere Schüler/Innen durch Bücher etc. in ihrem Milieu, das sich auch aktiv an ihre individuellen Bedürfnisse anpasst. Neben der lernförderlichen Einrichtung und dem unterschiedlichen Verständnis für Lernen bzw. deren Wichtigkeit für das spätere Leben unterscheidet sich auch die Lernzeit der Schüler/Innen aus unterschiedlichem Milieu mit ihren Eltern. Kinder mit Migrationshintergrund können sprachbedingt weniger mit ihren Eltern lernen, da diese meistens noch größere Probleme mit der Sprache haben. Dies lässt selbstverständlich nicht verallgemeinern, trotzdem gehe ich vom Normalfall aus, der in dieser Praktikumsklasse wiederum bestätigt wurde. Die aufgezählten Ursachen für die Leistungsunterschiede können also auf das unterschiedliche Vorwissen, dem Verständnis vom Lernen (übernommen von deren Eltern), dem Milieu allgemein und die zusätzliche Lernzeit mit Eltern oder Aufsichtspersonen zusammengefasst werden.

Besonders begeistert hat mich jedoch, dass der ein oder andere Schüler mit Migrationshintergrund über mehr Eifer und Willensstärke als so mancher Klassenkamerad ohne Migrationshintergrund. Deshalb möchte ich an dieser Stelle noch einmal betonen, dass es nicht um eine allgemeine Leistungsdifferenz geht, die zwischen verschiedenen Kulturen besteht, sondern, dass es um die eventuelle hervorgetretene Benachteiligung dieser geht.

Das Vorwissen der Kinder bezogen auf das Stundenthema „Plus und Minus mit Einern" hält sich in Grenzen, obwohl die Praktikumslehrerin vor meinem Unterrichtsversuch eine Wiederholungsstunde der bereits gelernten Rechenstrategien durchgeführt hat. Daraus kann geschlossen werden, dass viele Strategien in Vergessenheit geraten sind und meine Stunde deshalb bereits sprichwörtlich „zum Scheitern verurteilt" war. Davon aber in der Didaktischen Analyse mehr.

3.4 Aspekte der Unterrichtsstörung

Bezüglich der Unterrichtsstörung in der Klasse konnten keine abwegigen Auffälligkeiten beobachtet werden, da es sich um eine lernfreudige und disziplinierte Klasse handelt.

4 Psychologische Analyse

4.1 Lernvoraussetzungen

Hauptaufgabe des Lehrers ist es an das mitgebrachte Vorwissen, den Kompetenzen, Fähigkeiten, Fertigkeiten und Fundus an gesammelten Erfahrungen der Schülerinnen und Schüler anzuknüpfen. Zudem sollte nicht außer Acht gelassen werden, dass die Heterogenität diesbezüglich in einer Klasse weiter ausgeprägt sein kann als vielleicht zunächst angenommen. Denn jede Schulklasse ist durch die Anzahl an Individuen definiert, die auf ihre Art und Weise sehr unterschiedlich sind – nicht nur vom Wesen und Charakter, sondern auch bzgl. ihrer Fähigkeiten und Fertigkeiten, Erfahrungen etc. Um jedem Kind individuell gerecht zu werden, bedarf es Maßnahmen zur Differenzierung durchzuführen. Eine optimale Förderung wird dadurch ermöglicht, indem die Schülerinnen und Schüler nach ihren persönlichen Bedürfnissen unterrichtet werden und indem sie ihr Lerntempo in einem gewissen Rahmen der zeitlichen Möglichkeiten bestimmen können, um daraufhin Fortschritte zu erreichen. Auf das Thema „Im Zahlenraum bis Hundert rechnen und Strukturen nutzen" bezogen gelten folgende Lernvoraussetzungen:

- Die Schülerinnen und Schüler sollen den vier Grundrechenarten jeweils verschiedene Handlungen und Sachsituationen zu ordnen (Addition als Vereinigen oder Hinzufügen;

Subtraktion als Wegnehmen, Ergänzen oder Bestimmen des Unterschieds); sie begründen damit Zusammenhänge zwischen den Grundrechenarten im Zahlenraum bis Zwanzig.

- Die Schülerinnen und Schüler wenden die Zahlensätze des Einspluseins bis Zwanzig sowie deren Umkehrungen (z.B.: $9 - 7 = 2$ als Umkehrung von $2 + 7 = 9$) automatisiert und flexibel an, wobei sie ihre Kenntnisse auf analoge Plus- und Minusaufgaben übertragen.

4.2 Das Prinzip der Stufung des Lernprozesses

Betont man die Strukturstufen im Lernprozess, kann man das elementare Wissen in sog. „fortgeschrittenes" Wissen überführen. Würde man das neue Wissen nicht in eine strukturierte Form bringen, so würden die Schülerinnen und Schüler dieses sehr schnell wieder vergessen.[17]

Das bedeutet, dass die Unterteilung des Lernprozesses in Stufen zum konkreten und handelnden Operieren in das abstrakte Denken hinein führt. Das elementare Wissen wird folglich in fortgeschrittenes Wissen umgewandelt und bleibt aufgrund dessen im Langzeitgedächtnis. Die Unterteilung in die einzelnen Lernphasen wird als Grundlage angesehen, um das Gelernte als Schüler zu verstehen und zu verinnerlichen. Brunner sieht folgende Dreiteilung der mathematischen Lernprozesse vor[18]:

Die enaktiv-konkrete Phase

In dieser Phase wird von den Schülerinnen und Schülern konkret gehandelt. Dies fördert die Motivation bei der Einführung des neuen Wissens enorm. Allgemein werden in der enaktiv-konkreten Phase Erfahrungen mit Gegenständen aus der „Wirklichkeit" bzw. mit realen Gegenständen zum Anfassen gesammelt. In meiner Unterrichtsstunde wurden durch rote und grüne Quadrate aus Papier bzw. Pappe mithilfe von 10er Bündel und Einer Zahlen an der Tafel erstellt, mit denen im Anschluss daran gerechnet wurde. Nachdem die Rechenaufgabe von allen mündlich verbalisiert wurde, schrieb jeweils ein Schüler bzw. eine Schülerin aus der Klasse die Aufgabe an die Tafel. Abschließend wurde das Prinzip von analogen Aufgaben ersichtlich.

Die ikonisch-bildhafte Phase

Bei der nächsten Phase wird eine bestimmte Situation bildhaft veranschaulicht. Ich versuchte diese Phase so zu gestalten, indem ich das Tafelbild mit Symbolen, roten und grünen Quadraten

---

[17]Vgl. Haselbeck, Skript Nr. 13, S. 16.
[18]Vgl. Bauer, Skript Nr. 25, S. 22.

etc. erstellte. Die 10er Bündelung der Einer stellte ich so dar, dass ich diese bereits zu Hause zu zehnt zusammen klebte.

Die symbolische Phase

Mit Ziffern, Zeichen und Symbolen arbeitet man in der symbolischen Phase, wie der Name schon selbst erklärt. Weiter oben wurde bereits angedeutet, dass ich diese Phase durch das Tafelbild repräsentiert habe. Man muss dazu sagen, dass keine Phase nach der anderen abarbeitet wird; im Gegenteil: Die Phasen verlaufen ineinander und erklären zusammen als Einheit den mathematischen Lernprozess.

Die Phase des Übens

Die sog. Phase des Übens darf keineswegs zu früh abgebrochen werden, es sollte ein regelrechtes „Überüben" stattfinden. Damit ist gemeint, dass der Lehrer sogar nach seiner persönlichen Einschätzung, die Klasse hätte das neu Gelernte gut verinnerlicht, sie trotzdem noch weiterüben lässt. In meiner Unterrichtsstunde übten die Kinder fleißig mit diversen Arbeitsblätter von drei Stationen, die sich von ihrem Niveau unterschieden.

Zum Schluss möchte ich noch das wichtigste Prinzip erwähnen, das alle Phasen begleiten muss und unabdingbar für einen erfolgreichen Lernprozess ist. Die Verbalisierung alle Operationen, die zunächst vom Lehrer ausgeführt wird und anschließend von den Schülerinnen und Schülern nachgemacht werden soll.[19]

4.3 Das Prinzip der Differenzierung

Das Prinzip der Differenzierung meint die Förderung von leistungsstarken Schülerinnen und Schülern, aber insbesondere auch die gleichzeitige Förderung von leistungsschwachen Schülerinnen und Schülern. Dies gelingt, indem der Lehrer bestimmte Methoden anwendet, um die Individuen auf ihrem speziellen Leistungsniveau abzuholen und dementsprechend zu fördern. Man unterscheidet dabei die methodenorientierte und sozialorientierte Differenzierung, wobei die Begriffe selbsterklärend sind.

---

[19]Vgl. Bauer, Skript Nr. 25, S.22

5 Didaktische Analyse

5.1 Lehrplanaussagen zu Lernbereich 1 „Zahlen und Operationen", bzw. 1.2 „Im Zahlenraum bis Hundert rechnen und Strukturen nutzen"

Mein Unterrichtsversuch „Plus und minus mit Einern" lässt sich dem Lehrplanpunkt 1 „Zahlen und Operationen" zu ordnen, noch genauer fällt es unter dem Lehrplanpunkt 1.2 „Im Zahlenraum bis Hundert rechnen und Strukturen nutzen".[20]

Zunächst müssen sich die Schülerinnen und Schüler im Zahlenraum bis Hundert durch flexibles Zählen (vorwärts rückwärts, in Schritten) orientieren können, sie sollen Zahlen ordnen und vergleichen können, sowie Beziehungen zwischen Zahlen begründen können. Zudem sollen sie die Struktur des Zehnersystems planvoll und systematisch nutzen können.

Nun sollen die Schülerinnen und Schüler zwei von vier Grundrechenarten jeweils verschiedene Handlungen und Sachsituationen zu ordnen können, wie etwa Addition als Vereinigen oder Hinzufügen; Subtraktion als Wegnehmen, Ergänzen oder Bestimmen des Unterschieds. Dabei sollen sie Rechenstrategien nuten können, die sie bereits im Zahlenraum bis Zwanzig angewandt haben, nun aber auch im Zahlenraum bis Hundert anwenden. So können sie Rechenwege vergleichen, bewerten und dabei ihre Vorgehensweisen begründen. Rechenstrategien sind beispielsweise das Rechnen in Schritten, Umkehr- und Tauschaufgaben, analoge Aufgaben und Nachbaraufgaben.[21]

5.2 Grob- und Feinzielanalyse

Leitziel

Die Schülerinnen und Schüler sollen sich Wissen über Rechenstrategien im Zahlenraum bis Hundert aneignen.

Grobziele

Die Schülerinnen und Schüler sollen im Zahlenraum bis Hundert rechnen und dafür die Strukturen nutzen.

---

[20] Vgl. Lehrplan für die bayerische Grundschule.
[21] Vgl. ebd.

Feinziele

Die Schülerinnen und Schüler…

- wiederholen den Zahlenraum bis Zwanzig.
- wiederholen Strategieaufgaben und wenden diese auf Hunderterraum an.
- üben die Strategien im Zahlenraum bis Hundert mit vielfältigen Strategien.

5.3 Methodisch-didaktische Umsetzung

Die Unterrichtsstunde beginnt mit einem Kopfrechenspiel namens „Rechenkönig". Dazu werden Aufgaben zur Addition und Subtraktion im Zahlenraum bis Zwanzig gestellt. Alle Schülerinnen und Schüler stehen auf und sind zum Mitrechnen animiert, jedoch dürfen nur jeweils zwei Banknachbarn das Ergebnis laut sagen. Der Schnellere darf stehen bleiben. Dies wird so lange durchgeführt bis man einen Rechenkönig bzw. eine Rechenkönigin hat.

Nach der Einstiegsphase folgt die Erarbeitungsphase, in der im Kinositzkreis Aufgaben gestellt werden. Diese werden anschließend an der Tafel mithilfe von Einern und Zehnern, symbolisch dafür Quadrate, die aus Papier gebastelt wurden, visualisiert. Die Kinder rechnen laut mit, heften die Einer und Zehner an die Tafel, sodass für alle sichtbar eine Rechenaufgabe entsteht. Dabei wird beim 1. und 2. Summand eine unterschiedliche Farbe verwendet. Diese Phase dient der Sachbegegnung, wobei ich darauf geachtet habe, dass alle Schülerinnen und Schüler im Chor mitsprechen, dass möglichst alle zum Mitdenken angeregt sind und fast alle aktiviert werden. Zuerst kommen Aufgaben zur Addition dran, wobei das gleiche Prinzip später auf Minusaufgaben übertragen wird. An der Tafel werden unter den ausgeschnittenen und laminierten Vierecken die Rechenaufgaben darunter geschrieben, sodass für jeden zu erkennen ist, dass es sich um analoge Aufgaben handelt. Dieses grundlegende Prinzip wird zum Schluss von etwa zwei bis drei Kindern erklärt.

Im Anschluss an die Erarbeitungsphase kommt die Vertiefende Übungsphase, in der eine Stationenarbeit die Motivation der Schülerinnen und Schüler besonders hoch antreibt. Bereits vor meiner Unterrichtsstunde habe ich drei Stationen aufgebaut, die sich von ihrem Bearbeitungsniveau farblich unterscheiden. Die Farben bzw. der jeweilige Schwierigkeitsgrad erinnert an ein Ampelsystem, das die Kinder aus ihrer alltäglichen Lebenswelt kennen. Nachdem kurz geklärt wird, wie die Stationenarbeit funktioniert und, dass sie selbst „Lehrer sein dürfen" und sich nach der Bearbeitung eines Arbeitsblattes mit Grünstift selbst korrigieren dürfen, ist die Motivation kaum zu bremsen. Die Klasse stürmte auf die Stationen, wobei mir in diesem Augenblick erst aufgefallen ist, mir vorher dafür etwas zu überlegen, um diese Situation zu vermeiden. Beispielsweise könnte man die Stationen nächstes Mal mehr im Klassenzimmer verteilen oder eine Reihe nach der anderen aufstehen lassen.

Nachdem die Schüler im Großteil der Stunde selbstständig und ruhig am Platz gearbeitet haben, folgt die Reflexion zum Schluss des Unterrichts. Dabei wollte ich von den Kindern im Stehkreis wissen, wie sie mit den unterschiedlichen Niveau zurechtkamen, ob sie die Station gewechselt haben, ob die Station zu schwierig oder gar zu leicht gewesen ist. Dabei stellte sich recht schnell raus, dass ich diese letzten fünf Minuten sinnvoller nutzen hätte können. Denn die Schülerinnen und Schüler waren in dieser 2. Klasse noch nicht bereit für eine derartige Selbstreflexion.

Insgesamt ist die Stunde sehr gut verlaufen, so bestätigte mich auch das Feedback der Praktikumslehrerin und der Kommilitonen. Besonders gut haben alle meine Arbeitsblätter gefallen, die sehr vielfältig waren.

6 Artikulationsschema

Stundenthema: **Plus und minus mit Einern**

Fach/ Lernbereich: Mathematik
Datum: 25.11.2015
Geplante Zeit: 8:30 Uhr – 9:30 Uhr
Klasse: G2
Schülerzahl: 17

Artikulation	Lerninhalte; Lehrer-Schüler-Interaktion	Medien/ Methoden/ Sozialformen	Bemer-kungen
Einstieg Phase des mündlichen Rechnens	- L erklärt das Spiel „Rechen-könig" - S stellen sich dazu hinter den Stuhl	Kopfrechenspiel „Re-chenkönig" im Zahlen-raum bis 20	
Erarbeitung Phase der Sach-begegnung	- L stellt Plus-Aufgabe mit-hilfe der Einer an der Tafel visuell dar: „5 Einer plus 2 Einer sind wie viele Einer?" ➜ S: „7 Einer"; ➜ Wiederholung des gan-zen Satzes, Chor-Spre-chen ➜ L schreibt die Aufgabe darunter: „5 + 2 = 7" - L zeigt S' 10er-Stange: „Aus wie vielen Einern besteht die Reihe?" ➜ S: „ Eine Reihe besteht aus10 Einer." ➜ Stiller Impuls: L heftet die Reihe zur bestehen-den Aufgabe beim 1. Summanden dazu ➜ S: „ 15 plus 2 ist gleich 17."	Kinositzkreis, Linke Tafelinnenseite Vierecke als Einer (Farbliche Unterschei-dung beim 1. und 2. Summand) L-S-Interaktion 10er-Stange (10 Einer)	

	→ L schreibt die Aufgabe darunter: „15 + 2 = 17" - Vorgang wiederholt sich ggf. bis 97, je nach Auffassung der S'. - L: „Was fällt dir dazu auf?" → S: „Der Einer bleibt gleich, nur der Zehner ändert sich." - Vorgang wird übertragen auf Minus-Aufgaben	Stiller Impuls Rechte Tafelinnenseite	
Vertiefende Übungsphase	- L erklärt Ampelsystem der 3 Stationen (gelb = leicht, grün = mittelschwer, rot = schwer) - S' arbeiten selbstständig mit AB	Stationenarbeit (neuer Lehrplan!: selbstreflexive Zuschreibung zu einer Niveaustufe) Lösungen vorhanden zur Selbstkontrolle Differenzierung	
Reflexion	- L: „Waren die Aufgaben aus deiner ausgewählten Station zu einfach oder zu schwierig für dich?" - S'-Äußerungen	Stehkreis	

7 Reflexion zum Praktikum

7.1 Lehrperson

Frau W. war wirklich eine ganz besondere Lehrerpersönlichkeit und für mich eine besondere Praktikumslehrerin. Sie wollte uns zwar keine Telefonnummer von ihr geben, sodass wir sie mit weiteren Fragen kontaktieren konnten, aber immerhin beantwortete sie die Emails nach spätestens zwei Wochen. Ich habe dafür großes Verständnis, da sie Kinder hat und es bestimmt nicht immer so leicht ist eine Praktikumslehrerin zu sein. Immerhin waren wir vier Studenten, um die sie sich kümmern musste. Außerdem hat es auch etwas Gutes, ins „kalte Wasser geschmissen" zu werden. Denn so wurde ich bestens auf das kommende Referendariat vorbereitet. Ihr Feedback war zwar etwas kurz zu meiner Stunde, aber sie konnte das wichtigste eigentlich in zwei Sätze zusammenfassen. Das brachte natürlich auch weitere Vorteile mit sich. Insgesamt gefällt mir die Art und Weise, wie sie den Unterricht gestaltet, sehr gut, da sie sich nicht leicht abbringen lässt von ihren Unterrichtszielen.

7.2 Positive und kritische Anmerkungen bezüglich des Praktikums

Das Praktikum allgemein hat mir sehr gut gefallen, da ich bisher noch keine professionell begleitete Mathematikstunde gehalten habe. Ich habe z.B. nur im Orientierungspraktikum eine Unterrichtssequenz im Fach Mathematik gehalten. Positiv fand ich, dass wir regelmäßig am Unterricht teilnehmen durften und auch, dass ich von den Kommilitonen gelernt habe. Es fühlt sich sehr beruhigend an, wenn man weiß, dass es allen so geht. Und durch dieses Praktikum wurde dieses Gefühl verstärkt.

Kritisch anzumerken ist, dass es leider kein Begleitseminar gegeben hat. Aus Erfahrung von den vorherigen Semestern muss ich zugeben, dass ein derartiges Seminar sehr gewinnbringend für mich ist. Zudem sind dort alle Studierenden, die in diesem Semester im Fach Mathematik ihr Praktikum machen. Davon kann man auch erneut ganz viel lernen.

8 Literaturverzeichnis

Bayer. Staatsministerium für Unterricht und Kultus: Lehrplan für die Grundschulen. Sondernummer 1. München 2000.

Benz, C.: Erfolgsquoten, Rechenmethoden, Lösungswege und Fehler von Schülerinnen und Schülern bei Aufgaben zur Addition und Subtraktion im Zahlenraum bis 100. Hildesheim 2005.

Dr. phil. Haselbeck, F.: Didaktik des Rechnens in der Grundschule. Lehrskript Nr. 18.

Dr. phil. Haselbeck, F.: Planung und Analyse von Mathematikunterricht. Lehrskript Nr. 13.

Lehrplan für die Bayerische Grundschule, München 2008.

Padberg, F.: Didaktik der Arithmetik: Für Lehrerausbildung und Lehrerfortbildung. Heidelberg 2011.

Prof. Dr. Bauer, L.: Schriftenreihe zur Mathematikdidaktik, Skript Nr. 25.

Schipper, W.: Handbuch für den Mathematikunterricht an Grundschulen. Braunschweig 2009.